OBSERVATIONS

SUR

LA CULTURE DU MURIER,

ET L'ÉDUCATION DES VERS-A SOIE.

OBSERVATIONS

SUR

LA CULTURE DU MURIER,

ET L'ÉDUCATION DES VERS-A-SOIE

DANS LE NORD DE L'EUROPE.

Par C.-M.-E. Combet.

O fortunatos agricolas sua si bona norint !
VIRG. *Géorg.*

PARIS,

IMPRIMERIE DE SELLIGUE,
RUE DES JEUNEURS, n° 14.

1830.

PRÉFACE.

Il n'est point de vérité physique qu'on ne puisse rendre sensible par l'expérience; tout ce qui, dans les sciences naturelles, intéresse le public, peut donc lui devenir accessible : il suffit de le débarrasser de ses vieilles idées de routine, et surtout de le préserver de l'influence de certains savans qui repoussent tout ce qu'ils n'ont pas créé, sans s'apercevoir que leurs connaissances n'occupent qu'un cercle étroit dans la sphère des sciences générales. On peut être grand chimiste ou grand physicien sans savoir cultiver un arbre; quelques personnes, de beaucoup de mérite d'ailleurs, ont prétendu que le ver-à-soie ne peut être élevé avec succès qu'entre le 41e et 46e degré, tandis que dans les Cévennes, une grande partie des vers à soie s'élève entre le 48e et

52e degré, par rapport à la hauteur des montagnes : *ne sutor ultra crepidam*; elles ont dit encore que la nature avait assigné au mûrier le climat qui lui était propre , et qu'au-delà de Lyon, vers le nord , les fréquentes variations de l'atmosphère produisaient des gelées blanches qui , dans une seule nuit, pouvaient faire périr la feuille. Cet accident , quoique rare , arrive aussi dans les Cévennes. Pendant les nuits calmes, les corps qui reçoivent la rosée se refroidissant promptement, elle se congèle à leur surface et produit la gelée blanche , qui ne nuit à la feuille qu'autant que le lendemain le soleil paraît sur l'horison ; car, dans le cas contraire , la feuille n'éprouve aucun dommage : les hauteurs sont moins exposées à l'influence de la gelée blanche. En voici la cause. Si l'atmosphère est agitée , les nouvelles couches d'air que les vents amènent, étant plus chaudes que la masse d'air qu'elles remplacent, cèdent aux corps terrestres soumis à leur influence plus de calorique qu'elles n'en reçoivent, ce qui diminue leur aptitude pour la formation de la rosée.

Sous ce rapport la gelée blanche doit se former plus difficilement dans les plaines et sur les hauteurs, où il y a plus de déplacement d'air que dans les vallées. Depuis cinq ans que ma pépinière est établie, cet accident n'est point arrivé : au surplus quelle est la récolte d'une réussite assurée ?

C'est à la civilisation que le monde doit l'échange des rapports qui forment aujourd'hui le lien de la société. Nous serions privés de nos meilleurs fruits si nous ne jouissions que de ceux que la nature a placés dans notre climat; il en est de même de beaucoup de légumes. Avant la révolution, la pomme-de-terre était à peine connue dans le Midi : elle est actuellement l'aliment ordina re de la population. A la même époque, l'ambergine et le poivron étaient inconnus à Paris ; aujourd'hui il y en a en abondance. Le mûrier serait resté dans l'Inde, tandis qu'il est cultivé dans la moitié de l'Europe.

M. de Saint-Cricq, ministre du commerce, avait pensé bien autrement. Convaincu des avantages de la culture du mûrier,

il avait choisi dans le Nord douze départemens pour l'y introduire, et les préfets
avaient reçu de lui des invitations pressan-
tes à ce sujet : aussi déja plusieurs propriétaires en ont commencé des plantations ;
beaucoup d'autres suivront leur exemple.

AU ROI.

J'ai l'honneur d'offrir cet hommage à un
Roi citoyen, qui ne trouvera dans les
Français qu'une augmentation de famille.

OBSERVATIONS

SUR LA CULTURE DU MURIER,

ET L'ÉDUCATION DES VERS-A-SOIE

DANS LE NORD DE LA FRANCE.

On a beaucoup écrit sur la culture du mûrier : je vais suivre une route nouvelle en cherchant à l'introduire dans les départemens du nord de la France où elle est ignorée. J'ai dû par conséquent éloigner de ce petit ouvrage toutes les théories, et le rendre purement classique , afin de le mettre à la portée de tous les propriétaires qui voudront se livrer à cette nouvelle branche d'industrie.

Les étoffes de soie étaient connues en Europe plusieurs siècles avant qu'on eût demandé dans quel pays elles étaient fabriquées ; on les achetait à des marchands étrangers, qui , pour en augmenter la valeur , enveloppaient leur origine d'une espèce de mystère.

Les conquêtes des Romains en Asie leur donnèrent d'abord des notions sur l'Inde. Bientôt ils apprirent qu'elle produisait ces précieuses étoffes dont ils faisaient un grand usage , et sous le règne de Constantin, deux moines se présentèrent pour

aller chercher les œufs du ver-à-soie, et le fruit de
l'arbre qui le nourrit. Leur généreux dévouement
obtint un plein succès, et commença à affranchir
l'Europe du tribut qu'elle payait annuellement à
ces contrées éloignées ; elle trouva dans son sein
l'aliment de cette nouvelle branche d'industrie
qu'elle porta en Italie, et successivement dans les
autres pays où elle est connue aujourd'hui. Néanmoins quoique la culture du mûrier remonte à
une époque déjà reculée, elle paraîtra dans son
enfance en considérant les étroites limites dans les-
quelles elle est resserrée, tandis que dans tous les
départemens de la France il existe des exposi:ions
favorables à la culture du mûrier, et à l'éducation
du ver-à-soie.

Convaincu de cette vérité, j'établis il y a cinq
ans une pépinière de mûriers dans la plaine de
Fontenay-sous-Bois, près Vincennes, dans un terrain aride et exposé à tous les vents. Dans le midi
les pépinières sont plantées au mois de mars, celle-
ci le fut partie en novembre partie en mars pour
bien connaître l'influence de la température sur
cet arbre ; l'épreuve fut à son avantage : les sujets
plantés en novembre sont restés plus vigoureux
que les autres ; tous avaient la grosseur d'un tuyau
de plume, et cependant à la troisième année il en
a été vendu à plusieurs particuliers, notamment
à M. Vilmorin, qui les a expédiés dans le nord ;
en outre, j'en ai vendu trois mille cinq cents

à un particulier de Bruxelles, qui, d'après sa lettre annonçant la réception , paraît en vouloir une plus grande quantité ; depuis quelques années, on élève beaucoup de vers-à-soie en Belgique. Pourquoi n'obtiendrait-on pas les mêmes résultats dans le nord de la France ; il est probable que, si ma pépinière eût été plus connue , beaucoup de propriétaires auraient déjà demandé des plants : la voie des journaux étant insuffisante , le ministre du commerce en a donné connaissance aux préfets. L'année dernière toutes les tribunes ont retenti des propositions d'encouragement pour la culture du mûrier. Le ministre lui-même a envoyé M. Molard, membre de l'Académie des sciences, pour voir ma pépinière. La pépinière plantée, y a trois ans, durera jusqu'en 1832, et il est vraisemblable que dans cet intervalle, les propriétaires , éclairés sur leurs véritables intérêts, se décideront à faire des plantations , surtout en apprenant qu'un arpent de terre complanté en mûriers peut donner, d'après le calcul suivant, un revenu de 870 fr.

Un arpent de terre contiendra cent arbres à raison d'un par perche d'environ 20 pieds carrés.

Chaque arbre doit produire au moins cent-cinquante livres de feuilles, ci 150 quintaux.

Cent-cinquante quintaux de feuille

produisent ordinairement huit quintaux de cocons qui , à douze livres pour
une de soie, produisent six livres de soie
fine à 20 francs la livre (prix inférieur
au cours ordinaire) donnent la somme
de   1320 fr.

A déduire pour frais y compris ceux
de culture   450 fr.

Reste net   870 fr.

Dans le compte ci-dessus , je suppose qu'on ne
fait rien par soi-même , car ceux qui met ent la
main à l'œuvre ont plus de bénéfice.

Personne n'ignore qu'on élève le ver-à-soie dans
des contrées d'une température plus élevée que
celle du midi de la France , par exemple, en Italie, en Espagne, dans l'Inde. Cependant, dans la
partie la plus méridionale de la France , le ver-à-
soie réussit si peu , qu'on y a arraché presque
tous les mûriers , et il ne s'élève qu'en raison de
l'éloignement de la mer ; ainsi dans le Gard, c'est
dans les montagnes , surtout à Vallaranguo, qu'on
a atteint le plus haut degré de perfection ; il est
par conséquent inutile de s'occuper de cette contrée dont les habitans n'ont pas d'autres res-
sources ; pensons aux départemens qui ignorent
le trésor caché dans leurs terres.

Partout où on aura en mai, juin et juillet, une température de 14 à 18 degrés, le mûrier peut être cultivé, et le ver y réussira; ainsi à Paris, la température est telle qu'elle doit être, puisqu'on y recueille tous les fruits, tandis que, dans une grande partie des Cévennes où le mûrier est cultivé, le climat est trop rigoureux pour les arbres à fruit et pour la vigne; d'ailleurs, au besoin, on chauffe les appartemens qui contiennent le ver; je ne doute point qu'à Paris (foyer des sciences), l'éducation du ver-à-soie, qui ailleurs n'est qu'une routine, ne fût portée à sa perfection en la soumettant à des expériences physiques.

Des pépinières.

Si l'on se décidait à faire des plantations dans le nord il conviendrait néanmoins que les pépinières fussent dans un climat tempéré; voici pourquoi : la première année l'élève n'est composé que d'une écorce tendre, et d'une moëlle sans consistance qui ne pourrait pas peut-être la garantir toujours d'un hiver très-rigoureux; au contraire dans une bonne exposition, il acquiert toute sa force, et trois ans après il peut supporter une température plus froide.

La pépinière doit donc être placée dans un bon terrain, plutôt sablonneux que fort, jamais argileux.

Le mûrier se renouvelle par la semence de son fruit, qui la première année produit un plant d'environ deux pieds de hauteur sur trois lignes de diamètre ; l'année suivante, il pourra être transplanté en pépinière à une distance de deux pieds. La terre doit être défoncée à une profondeur de trois pieds, et couverte d'une bonne couche de fumier. A la fin de mars on coupe la tige à deux pouces hors de terre, et on pique à côté la tige coupée pour servir de tuteur ; l'année suivante à la même époque du mois de mars, le jet doit être recépé : à la seconde, il formera une tige de six pieds ; si tous n'arrivent pas à cette hauteur, il faut les récéper encore. Il est essentiel de ne pas toucher la première année aux branches latérales de la tige, et ce n'est qu'au mois de juin de la seconde année qu'on doit les élaguer ; jusque là elles sont nécessaires pour tenir en équilibre la tige que le vent ploieroit. Il vient aussi par boutures, ce qui dispense de la greffe, puisqu'on peut planter des jets greffés.

La terre doit être travaillée une fois le mois depuis le mois de mai jusqu'au 1er septembre, une façon en hiver par un temps sec produira un bon effet ; c'est alors qu'on couvrira la terre d'une légère couche de fumier qui doit être donnée tous les ans à la pépinière.

A la fin de la troisième année, on peut choisir les plus vigoureux élèves pour être plantés à demeure. les autres se trouvant ainsi dégagés feront plus de progrès.

Des plantations.

Le terrain destiné aux plantations doit être défoncé au moyen d'un fossé de trois pieds de profondenr sur une largeur égale; ce fossé est couvert successivement par la terre du suivant, en ayant soin d'arracher toutes les racines étrangères; cette opération terminée, et la terre étant nivelée, on fait les creux à la distance de trois ou quatre toises selon le degré de fertilité qu'on suppose à la terre; on jette dans le creux un peu de fumier en l'éloignant de la tige de l'arbre, dont il faut étendre les racines dans leur direction, au lieu de les laisser en touffes comme elles sont en pépinière, si quelques racines ont souffert en arrachant le plant, on les coupe jusqu'à la partie saine; l'arbre doit être placé perpendiculairement au pivot.

Les plantations faites dans une terre vierge, dureront plus long-temps; un champ, une prairie sont réputés terre vierge pour un arbre qui prend sa substance bien au-dessous de celle qui a nourri le blé ou l'herbe qu'on plante. L'olivier et le châtaigner laissent un mauvais levain pour le mûrier qui ne se reproduit guères que pendant trois générations dans les terres ci-devant plantées en oliviers ou châtaigniers.

Lorsqu'un mûrier périt au milieu des autres, il

est essentiel de bien fouiller la terre pour en extraire les racines mortes, et d'y laisser le creux ouvert pendant quelques mois avant d'y placer un autre plant : on ne perd point de temps puisqu'on à la faculté de planter pendant tout l'hiver, excepté dans les fortes gelées ; mais lorsque la terre est entièrement épuisée des sucs végétaux favorables au mûrier, il faut en disposer pour une autre culture pendant vingt-cinq ou trente ans , avant de la repeupler de mûriers. Quand on possédera une quantité de feuilles proportionnée aux magnagnières, il est prudent , outre le remplacement des arbres morts, de faire tous les ans une petite plantation nouvelle pour avoir le même revenu, étant bien prouvé que le remplacement d'un arbre mort ne suffit pas, puisque la seconde génération est inférieure à la première, la troisième à la seconde ; ceci présente un avenir effrayant pour les Cévennes, ou le terrain propre aux plantations manquera un jour, malgré la constante application des laborieux-habitans à briser le rocher avec le pic et la mine. Les autres récoltes de cette contrée suffisent à peine au paiement des contributions ; il est donc urgent d'élargir le cercle resserré de la culture du mûrier, en l'étendant dans les départemens du nord, où, comme je l'ai déjà dit, l'expérience prouve qu'elle ne peut manquer de réussir.

De la température, et de la qualité des terres.

Le mûrier peut être cultivé dans tous les départemens de la France, en choisissant les meilleures expositions des plus froids ; ceux de ma pépinière conservent encore des feuilles à la Toussaint, par conséquent aussi long-temps que dans le Midi. La feuille commence à pousser au mois d'avril : le quinze mai elle est assez forte pour les vers récemment éclos, et un mois plus tard, au quinze juin, la récolte peut être faite. Bien des contrées du midi sont plus retardées. Une terre siliceuse produira une feuille plus saine, plus nourrissante, et le ver s'en trouvera mieux ; le département de la Seine a toutes ces propriétés : dans les terres *siliceuses* ou *sablonneuses*, les racines pénétrant plus facilement, prennent une plus grande partie de substance, à raison de l'espace quelles parcourent, et communiquent au tronc plus de vigueur.

Les terres *argileuses*, ou *alumineuses*, sont au contraire très ingrates ; trop compactes, non-seulement elles s'opposent aux progrès des racines, mais elles retiennent l'eau qui les pourrit.

La terre *calcaire*, ou *carbonate de chaux* convient au mûrier ; elle peut servir en outre, par son mélange, à améliorer les deux autres en fortifiant la siliceuse, et en adoucissant l'alumineuse ; le mûrier subsistera long-temps dans les terres abondantes en muriate de soude , en nitrate de potasse, et en sulfate de chaux ; la mer , en parcourant le globe , dépose des couches de coquilles qui forment les montagnes secondaires : ces coquilles ne sont autre chose que du carbonate de chaux, ou de la terre calcaire ; les coquilles d'huîtres broyées fourniraient un excellent engrais au mûrier. Pour le mélange et l'engrais des terres, on peut user d'un moyen peu coûteux et facile : avant de transporter la terre qu'on veut mêler , il faut la répandre dans les écuries, ou dans les cours qu'on vient de nétoyer ; on la couvre de fumier, et tout ce qui s'en échappe comme l'urine reste imbibé dans cette terre, qu'on entasse quinze jours jusqu'à ce qu'elle ait acquis un certain degré de fermentation ; on a remarqué que cet engrais est très actif, et sert pour plus d'une récolte ; il produit surtout un grand effet sur les prairies artificielles.

Ces détails prouveront aux observateurs qu'avec des soins et des encouragemens, la culture du mûrier est susceptible d'une grande amélioration : quelques primes, quelques dégrèvemens sur les contributions, auraient d'heureux résultats. L'ancien gouvernement donnait le plant et payait les frais de plantation. Sully , Louvois, Colbert et Turgot n'existent plus !

Des effets de la greffe.

Il paraîtra étonnant que la greffe, qui agit avec tant de succès sur les arbres à fruit, ne produise pas des effets aussi salutaires sur le mûrier, elle donne à la vérité une plus belle qualité de feuille, mais beaucoup moins substantielle que celle d'origine pure; aussi il convient de conserver des sauvageons pour nourrir le ver au moment de l'éclosion jusqu'à la seconde maladie ; on s'en sert encore après avoir ramé : il reste alors des vers paresseux qu'on réunit dans quelques rayons en leur donnant cette feuille sauvage, qui sert ainsi pour l'enfance et la décrépitude. L'avantage de la greffe consiste à donner une feuille plus large et moins dispendieuse à cueillir, le bois étant plus uni que celui du sauvageon couvert d'aspérités ; mais l'arbre s'épuise par de très fortes pousses : il abonde plus en sève, il s'épuise par un plus grand produit en feuille, et périt plus tôt; tandis que le sauvageon, ne produisant qu'en proportion du vœu de la nature, existe plus long-temps.

Pour concilier les avantages de la nature avec ceux de la greffe, il conviendrait de choisir en pépinières les arbres dont la feuille est naturellement belle, et de ne point les greffer ; la greffe serait réservée pour ceux dont la feuille est si petite, que les frais à faire pour la cueillir en absorberaient

la valeur ; je crois que par ce moyen on aurait
le même produit, attendu qu'il faut moins de
feuilles bâtardes que de feuille greffées pour nourrir la même quantité de vers, et les arbres exis-
teraient plus long-temps. Le mûrier ne doit être
greffé qu'en couronne, à l'écusson, ou en fente
en pépinière seulement ; les greffes en approche,
en hétéroclite ne {lui conviennent pas.

De la taille.

Il est encore une autre cause du dépérissement
des mûriers, chacun sait que la taille des arbres
est une opération essentielle ; les fruitiers sont
taillés à la fin de l'hiver, c'est-à-dire avant la circulation de la sève qui n'est point attirée par les
brèches de la serpette ; le châtaignier seul doit être
élagué à la fin du mois d'août, époque où la sève
agit faiblement sur cet arbre. J'ai vu tailler l'olivier
tout de suite après sa récolte, et au printemps,
même quand il est en fleur. Le mûrier est taillé
dans le mois de juin après qu'il a été dépouillé de
sa feuille, c'est le moment de la plus grande végé-
tation ; il vient déjà d'éprouver une perte de sève
par l'ouverture faite à chaque bourgeon, dont la
feuille a été violemment détachée ; il en éprouve
une plus considérable par les brèches de la taille,
si elle n'est pas faite avec ménagement ; c'est ce
que nos pères avaient sagement prévu, ils se con-

tentaient de couper le bois mort, et les jets trop rapprochés dans l'intérieur de l'arbre : aujourd'hui le luxe s'en est mêlé, chaque jet reçoit un coup de serpe, afin que l'arbre présente à son sommet une surface unie, et qu'il ait un contour plus arrondi : un champ de mûriers ainsi taillés, flatte il est vrai la vue de l'observateur ignorant; mais il révolte le cultivateur éclairé qui voit, que tant de brèches faites aux branches, attirent la sève en trop grande quantité, que les racines s'épuisent en fournissant une substance forcée, et que bientôt une frivole jouissance privera le propriétaire du fruit de ses travaux.

Autre cause de dépérissement.

Autrefois on laissait tomber la seconde feuille, les bestiaux la mangeaient à terre; aujourd'hui on la cueille dans le mois d'octobre, de la même manière que la première ; la température n'est plus la même : alors les nuits sont longues et fraîches, et comme toutes les feuilles ne parviennent pas en même temps à leur maturité, les pores du bourgeon de celles qui résistent se trouvant ouverts, le froid de la nuit suivante s'y introduit plus facilement. Quoique cette feuille soit une excellente nourriture pour les porcs en hiver en la faisant bouillir, et pour les agneaux qui la mangent sèche, néanmoins on ferait mieux de s'en priver,

et de la faire manger aux bestiaux quand elle est
tombée.

De l'éducation du ver-à-soie.

La fin du mois d'avril est l'époque ordinaire de
la couvée des œufs, elle varie seulement de quinze
ou vingt jours, selon la température des lieux. Les
femmes de la campagne les divisent en petits pa-
quets qu'elles attachent à leur ceinture sous les
jupes ; elles les gardent ainsi dans la nuit, et le jour
elles se couchent pendant quelques heures : l'é-
closion a lieu dans huit, dix ou douze jours, selon le degré de chaleur ; les grands propriétaires
les font éclore dans de petits fourneaux qu'ils
chauffent graduellement, guidés par un thermomètre, et l'éclosion s'opère entre le vingtième et
vingt-troisième degré, selon l'épaisseur des œufs
dans le fourneau, c'est-à-dire qu'il leur faut moins
de temps pour éclore s'ils ont été placés sur une
épaisseur, par exemple, d'environ deux lignes.
Comme la parfaite éclosion ne s'opère point en
même temps, on couvre les vers d'une filoche, à
travers de laquelle ils passent, et dès qu'il y en a
un certain nombre, on jette légèrement de la feuille
hachée, qu'on retire ensuite et qu'on remplace
par une autre qui suffit pour recevoir le restant
des vers ; les plus tardifs doivent être rebutés,
leurs produits seraient nuls. Cette opération est

très-délicate : si le ver a souffert trop de chaleur,
il ne parviendra point à sa maturité ; si l'éclosion
est bonne, la réussite est presque assurée ; ainsi il
est prudent de ne pas presser l'éclosion, car le re-
tard ne lui nuit point.

Le ver éprouve trois maladies, à chacune des-
quelles, il se dépouille de sa peau ; ces maladies,
quoique périodiques, de huit en huit jours, sont
quelquefois avancées ou retardées par l'influence
de la température. Quand la maladie commence,
il cesse de manger, sa tête paraît enflée, et il s'a-
brite sous la feuille où il laisse sa peau ; il faut di-
minuer la chaleur pendant cette maladie qui dure
environ quarante-huit heures ; il reparaît alors, sa
couleur est moins rembrunie. Il est essentiel de
ne point donner de la feuille sans que la presque
totalité paraisse, sans quoi les premiers sortis seraient plus avancés que les derniers, ce qui nuit à
la réussite ; il vaut mieux que les premiers souf-
frent un peu en attendant les autres ; la seconde
et la dernière maladies sont les plus dangereuses.
A la première il faut porter la plus grande attention au degré de chaleur, l'insecte encore faible
reçoit facilement les impressions du feu. Lorsqu'il
en est trop fortement atteint, il prend une teinte
rougeâtre, il languit jusqu'à la fin sans rien produire : dans ce cas il faut tout livrer aux poules.
Pour éviter cet accident, il vaut mieux laisser
l'appartement un peu plus froid, ce qui retarde

les progrès du ver sans lui nuire, car il arrive souvent qu'en nétoyant les tables, il reste des vers
mêlés dans la couche de feuille qu'on porte dans
les champs pour en éviter la mauvaise odeur, et
que ces vers exposés aux intempéries de la
saison, ne mangeant que des restes de feuilles à-
demi pourries font également leurs cocons ; ce fait
mille fois constaté, prouve victorieusement que le
froid peut retarder les progrès du ver sans lui
nuire ; comme le ver sort en papillon de son cocon, douze ou quinze jours après qu'il a été for-
mé ; et qu'après le cocon ne peut plus être filé,
on étouffe le ver dans un four ou à la vapeur ; on
n'a jamais pu le faire périr dans un froid de 32
degrés ; les insectes n'ont point de poumons ; leurs
organes respiratoires sont répandus sur toute leur
surface : comme les plantes, ils se nourrissent
d'un fluide aériforme. Le ver-à-soie, prenant sa
part de ce fluide aériforme, et reconforté par la
nourriture de la feuille, réussirait en plein air
entre quinze et dix-huit degrés constans ; MM. les
physiciens trouveraient là une matière digne de
leurs observations.

Dans les premiers jours de l'éclosion, on hache
la feuille pour la rendre plus tendre, mais en gé-
néral on ne donne pas au ver celle qui lui convient
le plus, et voici pourquoi : dans toutes les plantations il y a des arbres récemment greffés qui
sont les premiers dépouillés pour être taillés de

suite, et leur donner plus le temps de pousser; cette opération favorable à l'arbre ne l'est point au ver. La feuille d'un sujet jeune et vigoureux est trop imprégnée d'un suc gras; ainsi qu'il a été dit plus haut, celle d'un sauvageon est préférable.

On varie sur la manière de nourrir le ver; les uns ont des heures fixes, d'autres, n'ont d'autre règle que de lui donner de la feuille quand la première est mangée; ce dernier moyen, à la vérité plus dispendieux, hâte la croissance du ver: lorsque la température n'est point assez élevée, on observe d'augmenter la chaleur au moment où on donne la feuille dont la fraîcheur absorbe une partie du calorique, outre que cette chaleur ranime le ver; on peut avoir un thermomètre dans l'appartement; les femmes des Cévennes s'y tiennent en chemise, et lorsqu'elles n'ont pas froid, elles pensent que cette température convient au ver.

A chaque maladie, on délitte, c'est-à-dire on enlève la couche et on nétoie les planches, afin que le ver ne soit pas trop échauffé par la fermentation du mélange de la feuille avec le crotin du ver. Deux ou trois jours avant de ramer, on répète cette opération: cependant il arrive quelquefois que, par un temps froid, on laisse cette couche pour augmenter la chaleur.

Sept à huit jours après la dernière maladie, le ver jaunit, il se vide, et devient presque transparent; c'est le moment de ramer ; on se sert pour cela de bruyère ou de tout autre arbrisseau : le surlendemain, à l'heure où on a ramé, on prend tous les vers qui restent dans les rayons ; quelquefois on les lave, et on les réunit dans des rayons séparés en leur donnant une feuille tendre. Leur produit est toujours d'une qualité inférieure, ceci a toujours lieu quand la chambrée va bien, car il arrive souvent que quarante-huit heures après avoir été ramés, il en reste encore trop dans les rayons pour être serrés.

Je terminerai ces détails par quelques observations sur les emplacemens et les dimensions des appartemens vulgairement appelés magnagnières ; il est bon dans le midi qu'elles soient exposées à l'air et non point adossées aux montagnes. Les ouvertures doivent être au nord : point de plafond au couver pour activer la circulation de l'air ; les bergeries sont très-propices ; elles contiennent un gaz recherché par le ver ; il est probable que dans le Nord l'exposition des magnagnières doit être un peu différente, et plus abritée.

Des œufs.

Le ver se reproduit par un papillon sortant du cocon quinze jours après qu'on a ramé ; on a le soin de choisir les cocons de la plus belle qualité, pour avoir des papillons plus forts ; les cocons doubles , c'est-à-dire ceux qui contiennent deux vers sont mis au rebut; leur soie est grossière : on accouple les papillons ; le mâle est plus petit que la femelle. Vingt-quatre heures après l'accouplement on jette le mâle. La ponte se fait sur une toile noire dont on détache les œufs avec une pièce très-mince. La femelle fait plusieurs pontes ; la première est la meilleure. On ne devrait pas garder les autres, car il est probable que c'est des dernières que proviennent les pertes qui s'opèrent dans les différentes maladies. Les premières , au contraire, étant le produit de la vigueur du papillon, doivent donner des vers plus robustes; on n'aurait pour cela qu'à employer pour la ponte quelques livres de cocons de plus.

OBSERVATIONS GÉNÉRALES.

Les mûriers destinés à être greffés doivent l'être deux ans après la plantation , en choisissant la qualité de feuille la plus favorisée par le climat : la plus mince convient sur les hauteurs. Dans les vallons la rosée la tache , et le ver ne mange pas la partie tachée; la plus forte résistera davantage. Ces nuances méritent une attention particulière que le temps fixera mieux que des raisonnemens. Pendant deux ans, après la greffe au mois de mars, on taille les jets de l'année précédente à un pied au-dessus de l'enfourchure , en observant de ne laisser que trois ou quatre de ces jets au plus dans une direction propre à arrondir l'arbre, deux ans après on pourra cueillir la feuille, et on le taillera de suite, en éloignant les branches en dehors, de manière que l'intérieur soit assez ouvert pour s'y placer librement en cueillant la feuille. On fume le mûrier avec tous les fumiers : les meilleurs sont ceux qui contiennent le plus de matières végétales et animales en putréfaction ; celui des rues renfermant moins de ces substances, dure peu de temps dans la terre, quoique très-actif. L'eau dépourvue d'azote ne fournit que l'hydrogène ; il est même possible que ce fumier, composé en partie de matières ferrugineuses, corrode les racines.

Souvent la surabondance de sève nuit à l'arbre ; on s'en aperçoit à la pâleur de la feuille, et on fait de suite une incision dans la tige, d'un pouce de profondeur sur sept ou huit de longueur, en coupant une partie des branches, quelquefois toutes jusqu'à l'enfourchure.

Enfin il faut parler des plantations en arbres nains. Depuis long-temps dans l'Ardèche et la partie du Gard qui l'avoisine, cette méthode était connue, mais peu usitée ailleurs. Aujourd'hui on l'a adoptée dans les Cévennes, et on a bien fait : on peut planter mille arbres dans un arpent, on jouit par conséquent plus vite, et l'arbre ne s'élevant qu'à une hauteur de six pieds, la feuille peut être facilement cueillie par les femmes et les enfans, ce qui est d'un grand avantage dans une saison où les bras sont rares.

On peut encore en cas de pluie couvrir un carré avec une tente, et avoir par ce moyen toujours de la feuille sèche à donner aux vers-à-soie.

Toutes les expériences sur le ver-à-soie ont réussi à Paris. Celles de M. le docteur de Longchamps, auteur de plusieurs ouvrages de botanique, méritent plus de confiance. S'étant occupé pendant plusieurs années de l'éducation de ce ver, il a présenté à la dernière exposition des cocons de la première qualité par le poids et le fil ; il a déjà fait une grande plantation de mûriers dans le département de l'Eure, où il a construit une magnauderie d'une dimension proportionnée à la quantité de feuilles qu'il aura à l'avenir. M. de Longchamps croit la réussite infaillible, et a raison, puisque (ainsi que je l'ai observé) la partie la plus méridionale des départemens du Gard et de l'Hérault, est celle où le ver-à-soie réussit peu, et où, pour mieux dire, cette récolte est à peu-près nulle, tandis qu'elle s'améliore en raison du rapprochement des montagnes. Dans les bonnes années on perd toujours un huitième des vers.

Les expériences de M. Camille Beauvais méritent aussi des éloges. Il y a quatre ans, c'est-à-dire un an après l'établissement de ma pépinière,

M. Beauvais obtint du roi la concession du domaine de la Bergerie, sous la condition d'y entretenir un troupeau de moutons de race anglaise : et d'y cultiver le mûrier. Des commissaires de la Société d'horticulture se transportèrent l'année dernière sur les lieux, et trouvèrent environ cent livres de cocons, qui ont donné une très-belle qualité de soie. Cette année, même réussite : le produit augmentera en raison de la croissance des mûriers plantés il y a quatre ans à la Bergerie. Après de pareils témoignages, ce serait résister à l'évidence que de vouloir nier la certitude de la réussite du ver-à-soie dans les départemens du nord de la France.

FIN.

9 782016 182871